精准扶贫 农业科技 明白纸系列 ⑥

MINGBAIZHI XILIE

当归、党参、黄芪、枸杞

农业科技明白纸系列丛书编委会 编

甘肃科学技术出版社

图书在版编目(CIP)数据

当归、党参、黄芪、枸杞 / 农业科技明白纸系列丛书编委会编． -- 兰州：甘肃科学技术出版社，2016.3（2016.10重印）
（精准扶贫农业科技明白纸系列丛书）
ISBN 978-7-5424-2311-5

Ⅰ．①当… Ⅱ．①农… Ⅲ．①当归-栽培技术②党参-栽培技术③黄芪-栽培技术④枸杞-栽培技术 Ⅳ．①S567

中国版本图书馆 CIP 数据核字(2016)第 042587 号

出 版 人	王永生
责任编辑	韩　波（0931-8773238）
出版发行	甘肃科学技术出版社（兰州市读者大道568号　0931-8773237）
印　　刷	甘肃兴业印务有限公司
开　　本	880mm×1230mm　1/16
印　　张	4.5
字　　数	110千
版　　次	2016年5月第1版　2016年10月第2次印刷
印　　数	3001～5000
书　　号	ISBN 978-7-5424-2311-5
定　　价	38.00元

编委会

总 策 划	康国玺			
策 划	杨祁峰			
编委会主任	康国玺			
编委会副主任	刘志民	阎奋民	尹昌城	韩临广
	姜 良	妥建福	杨祁峰	周邦贵
	杜永清	程浩明	曹藏虎	梁仲科
编委名单	马占颖	袁秀智	王兴荣	马再兴
	陈 健	丁连生	李 福	谢鹏云
	豆 卫	陈 静	武红安	袁正大
	徐麟辉	马福祥	王武松	常武奇
	张保军	王有国	赵贵斌	蒲崇建
	崔增团	李向东	李 刚	韩天虎
	贺奋义	李勤慎	卢明勇	安世才
	张恩贵			

前　言

甘肃是个典型的农业省份,农村人口多,贫困面广。随着农业农村改革的不断深化,全省农业生产投入方式、组织方式和生产经营方式发生了深刻变化,应对农村生产力和生产关系变革,迫切需要解决农业后继乏人的问题,迫切需要解决从业农民技能提高的问题。因此,开展新型职业农民培训已成为当前"三农"工作中一项重要而紧迫、长期而艰巨的重大任务。近年来,按照省委、省政府推进"365"现代农业发展行动计划、"1236"扶贫攻坚行动和"联村联户、为民富民"行动的总体部署,省农牧厅把农民培训确定为重点工作之一,整合资源、集中力量、大力推进,极大地调动了农民学科技、用科技的积极性,不仅推广普及了先进实用技术,而且还带动了农民创业就业,培养造就了一大批种养专业户、科技示范户、合作社骨干、农村致富带头人、农技能手等生产经营服务人才,促进了农业增效、农民增收,推动了我省农业农村经济持续较快发展。

为了进一步满足广大农民学科技、用科技的需求,加大新型职业农民的培育力度,推广先进实用技术,省农牧厅组织农业技术推广单位的百余专家和农技人员,按照实际使用、通俗易懂和应知应会的原则,从农业生产世纪出发,紧紧围绕全省优势产业和特色产品,以关键生产技术和先进实用技术为重点,以贴近农民生活、通俗易懂的语言,配以直观形象、简单明了的图片,编撰了600项农业科技明白纸,并邀请甘肃农业大学、省农科院和基层农技推广专家进行了审定。

真诚希望我们编撰的这套丛书能够帮助广大农民学习新知识、运用新技术、汲取新营养,努力打造一支有知识、懂技术、会经营、善创新的新型农民,为我省现代农业发展提供强有力的人才支撑。希望广大农业工作者切实增强服务农业、服务农民的责任心,自觉推广普及农业科技知识,着力培育我省现代农业生产经营人才,让农业成为有奔头的农业,让农民成为体面的职业。

甘肃省农牧厅党组书记、厅长

农业科技明白纸

目　　录

当归麻口病综合防治技术 …………………………………………………… 001

当归根部病害综合防控技术 ………………………………………………… 003

当归褐斑病综合防治技术 …………………………………………………… 005

当归地膜覆盖膜侧栽培技术 ………………………………………………… 006

当归熟地育苗管理技术 ……………………………………………………… 007

当归起垄覆膜垄上栽培技术 ………………………………………………… 009

党参拱棚覆盖遮阳育苗技术 ………………………………………………… 011

白条党参规范化栽培管理技术 ……………………………………………… 013

纹党参规范化栽培管理技术 ………………………………………………… 015

党参根腐病综合防治技术 …………………………………………………… 017

黄芪根部病害综合防治技术 ………………………………………………… 018

黄芪种子处理与集约育苗技术 ……………………………………………… 019

黄芪标准化栽培管理技术 …………………………………………………… 021

柴胡标准化栽培管理技术 …………………………………………………… 023

秦艽集约化育苗管理技术 …………………………………………………… 025

半夏地膜覆盖种植技术 ……………………………………………………… 027

农业科技明白纸

根茎类中药材主要地下害虫综合防治技术 ·· 029

甘草集约化育苗技术 ·· 031

甘草褐斑病综合防治技术 ··· 033

甘草锈病综合防治技术 ·· 034

板蓝根标准化栽培管理技术 ·· 035

大黄标准化栽培管理技术 ··· 037

大黄黑粉病综合防治技术 ··· 041

大黄轮纹病综合防治技术 ··· 042

枸杞集约化扦插育苗技术 ··· 043

枸杞标准化定植施肥管理技术 ··· 045

枸杞根腐病综合防控技术 ··· 047

枸杞黑果病综合防治技术 ··· 049

枸杞红瘿蚊综合防治技术 ··· 051

枸杞瘿螨综合防治技术 ·· 053

枸杞蚜虫综合防治技术 ·· 055

枸杞修剪技术简明图解 ·· 057

黄芩黑膜穴播育苗技术 ·· 059

黄芩标准化栽培管理技术 ··· 061

羌活标准化育苗技术 ·· 063

 农业科技明白纸

当归麻口病综合防治技术

1.农业防治

（1）选用抗病品种

如岷归1号、岷归2号、岷归3号等。

（2）选用健康种苗

1）选择根顺、条直、侧根少，重0.8~1.0克，根头粗3~4毫米的当归苗栽植；

2）去除根弯、条硬、侧根多、腐烂、发霉、有虫伤、有病斑及苗心变色变硬的劣质苗；

3）去除根头粗大于5毫米和小于2毫米的苗。

（3）合理轮作倒茬

与小麦、胡麻、油菜等作物实行3年以上轮作；避免与马铃薯、黄芪、蚕豆、苜蓿、红豆草等作物轮作。

（4）增施有机肥

施用堆沤发酵充分腐熟的鸡粪、猪粪、牛粪等有机肥；提倡氮、磷、钾配合施用，避免偏施氮肥；在成药生长中期用100%沼液灌根，也能有效降低当归麻口病发生。

（5）清洁田园

秋天当归收获后，应该彻底清除田间所有当归植株残体和各类杂草，减少次年的初侵染源。

岷归1号

岷归2号

岷归3号

农业科技明白纸

2.化学防治

（1）土壤处理

1）当归成药田，栽苗前用3%辛硫磷颗粒剂，

药液蘸根

按每亩3千克，拌细土撒于地面，翻入土中，或用1.8%阿维菌素乳油2000倍液喷洒栽植沟；

2）育苗田，播前可用95%棉隆（必速灭）每亩5~6千克，加细土30千克拌匀，撒于地面，翻入土中20厘米，20天后再松土播种。

（2）药液蘸根

当归苗栽植前可用50%辛硫磷乳油1000倍液，或1.8%阿维菌素乳油2000倍液蘸根30分钟，晾干后栽植。在育苗、起苗及栽培管理中尽量减少当归根部创伤，以避免病原菌侵入。

药液灌根

（3）药液灌根

每亩用40%多菌灵胶悬剂250克，或托布津600克加水150千克，每株灌稀释液50克，5月上旬和6月中旬各灌1次。

感病当归

健康当归

2

当归根部病害综合防控技术

当归根腐病泛指当归根部病害,其中包括麻口病(线虫病害)、水烂病(细菌病害)和由地下害虫、根蚜、线虫等为害造成伤口后镰刀菌侵染引起的真菌病害。

1.农业防治

(1)选用优质抗病品种如岷归2号、3号等

收获时病株

(2)选择健壮归苗

1)归苗在移栽前须仔细选择,将表皮粗糙,分枝多,侧根倒长,苗质硬,苗心变色的苗子除去。

2)仔细检查,将所有苗体腐烂、发霉、有病斑、虫伤、折断的伤病苗除去。

3)将苗径小于2毫米小苗除去。

(3)合理轮作倒茬

与小麦、油菜等作物实行3年以上轮作种植,可有效减轻麻口病危害。马铃薯、蚕豆田轮作效果差。

(4)土壤选择

当归栽植以土层深厚,排水方便,腐殖质多的微酸性土壤为宜,对抑制病虫为害效果显著。

(5)合理施肥

农家肥及油渣等要求腐熟。纯氮、五氧化二磷、氧化钾配比1:0.49:0.24,或选用当归专用肥。

2.化学防治

当归麻口病:当归麻口病是当归的最主要病害之一,受麻口病危害的当归轻则丧失商品价值,重则完全绝收,因此当归麻口病的防治是当归田间管理中最为关键的环节。当归麻口病在防治上应首先从防虫减少伤口入手,进而防病抑制扩散,目前化学防治麻口病应采取下列措施。

(1)苗期防治方法

①移栽前用15%阿维·毒乳油100倍~200倍液加入30%琥胶肥酸铜悬浮剂200浸根30分钟,边浸边晾。②采用3%辛硫磷颗粒剂,定植后撒施(穴施)在小苗根茎部位后覆土,每亩用颗粒剂3~4千克。

(2)成株期防治方法

以灌根为主,可在5月上旬至6月中旬,分别用15%阿维·毒微胶囊剂500倍液灌根两次,可达到控制病害的效果,如果田间出现枯死病株,可在药液加入30%琥胶肥酸铜悬浮剂500倍液。

定植前的药剂浸苗

当归褐斑病综合防治技术

症状识别与发生特点：叶片、叶柄均受害。叶面初生褐色小点，后扩展呈多角形、近圆形、红褐色斑点，大小1~3毫米，边缘有褪绿晕圈。后期有些病斑中部褪绿变灰白色，其上生有黑色小颗粒。病斑汇合时常形成大型污斑，有些病斑中部组织脱落形成穿孔，发病严重时，全田叶片发褐，焦枯（下图）。此病菌随病残组织在地表越冬，第二年借风雨传播进行再侵染。温暖潮湿和阳光不足有利于发病。一般5月下旬开始发病，7~8月发病加重，并延续至收获期。防治技术

（1）清洁田园

初冬，彻底清除田间病残体，减少初侵染源。轮作倒茬。

（2）药剂防治

发病初期喷施1∶1∶150波尔多液、70%代森锰锌可湿性粉剂500倍液、70%丙森锌（安泰生）可湿性粉剂200倍液、70%甲基硫菌灵WP600倍液和10%苯醚甲环唑水分散颗粒剂600倍~800倍，每隔7~10天喷施1次，连续喷2~3次，交替使用药剂。

当归地膜覆盖膜侧栽培技术

1. 整地施肥

当归移栽前茬以禾谷类作物为好。选择肥沃疏松、排水良好的土壤，轮作周期3年以上，前茬收获后深翻30厘米，施入磷酸二铵每亩16~18千克，或尿素10千克和过磷酸钙25千克。所施用的有机肥料必须采用高温堆肥的方法达到无害化。不管采用何种原料制作堆肥，必须经过50℃以上5~7天发酵，以杀灭各种寄生虫卵、病原菌和杂草种子，去除有害有机酸和有害气体。

2. 覆膜定植

当归地膜覆盖膜侧栽培选用幅宽为35~40厘米的地膜，厚度为0.01毫米以上均匀一致的地膜。采用先挖穴、再斜栽、最后覆膜的方式。这种种植方式适合在坡耕地上种植。定植密

膜侧栽培大田场景

度每亩为7000株左右。

首先沿等高线方向，按穴距15~20厘米，开挖长15厘米、宽15厘米、深10~15厘米的定植穴。将穴内的土翻出一部分，穴内做成约45°的坡面，将当归苗斜放在穴内坡面上，每穴放苗2~3株，株距5厘米。然后用土覆盖当归苗。完成同一等高线定植后，在定植行的下方覆盖一行地膜。

覆膜时，使地膜紧靠当归苗头，然后用土将地膜压实，每隔2米左右压一条土腰带。覆膜完成后，对应上一行的定植穴，依次开挖定植穴，进行下一行的定植。这样，当归苗的头部在地膜外面，根部在地膜下面。下雨时，雨水沿膜面流入当归定植穴内，集中供给到当归根部。地膜的集雨、保墒、保温作用得以发挥。

当归覆膜膜侧栽培技术其优点是栽植操作简便，省工省时，增温保湿效果也较明显。

定植覆膜

当归熟地育苗管理技术

1.选择适宜田块

当归育苗选择海拔 2400～2600 米的阴坡山地，要求土地有一定坡度，以利排水；要求土壤肥沃疏松，富含有机质。

2.正确选择前茬

当归育苗地，前茬应选择小麦、胡麻、油菜等作物，不选择马铃薯、黄芪、蚕豆、苜蓿、红豆草等作物前茬。

3.选用优良品种

如岷归1号、岷归2号、岷归3号等。要求种子无检疫性病虫害，无霉变，无虫蛀，具当归正常香气，发芽率60%以上，适度成熟。

4.施肥整地

在播种10天前，清除育苗地表杂物、杂草，亩施充分堆沤发酵腐熟的家畜厩肥或熏肥

苗床遮阳网覆盖

揭草后苗床

5000 千克，配施磷酸二铵 10 千克、硫酸钾 5 千克，然后深耕 30 厘米左右。播前每平方米撒施 25%多菌灵粉剂 3 克作土壤消毒，再浅耕耙耱一次。

5.修整苗床

要求采用高畦育苗，畦高 15～20 厘米，宽

岷归1号

岷归2号

岷归3号

农业科技明白纸

当归苗床除草

当归苗

100～120厘米，畦间距25厘米，畦向与坡向一致，畦面略呈拱形，畦长可依地形而定。

6.播种覆草

播种时间选择5月下旬至6月上旬。采用条播技术，即在畦面纵向开深度5～10厘米的浅沟，将种子均匀撒于种沟，顺风向撒种。每亩播种量3～5千克。再覆土厚约2毫米，最后在畦面覆盖厚约2～5厘米的麦草等秸秆，进行遮阴保湿，有条件的还可以覆盖遮阳网。

7.苗床管理

主要任务是挑草、揭草和及时拔草。幼苗出土后，及时挑起盖草并及时拔除苗床杂草。当归苗高3厘米左右时，将盖草部分去除，直到立秋当归苗长出盖草后，可选阴天将盖草全部揭去，后期管理要及时拔除苗床杂草和防治病虫鼠害。

8.起苗扎把

起苗时间在9月下旬至10月上旬，苗龄要求110天左右。起苗后要求归苗上留叶柄2厘米左右，约100株扎一把，扎把时必须在苗间加入适量湿土，然后放在阴凉处晾苗7天左右，当种苗含水量稳定在60%～65%时即可贮苗。

9.贮苗覆土

贮苗前要求彻底拣除烂苗、病苗，然后选一地势高燥的冷房贮苗。贮苗时，先在地面上铺一层厚度10厘米的消毒土（土壤含水量要求10%左右，每100千克生土中均匀拌入25%多菌灵粉剂50克），然后把扎好把的当归苗头朝外摆放一层，摆好后覆盖一层5厘米厚的消毒土，填满孔隙并稍压实，如此摆苗5～7层，最后在顶部和周围覆土30厘米左右，形成一个高约80厘米的贮苗堆。贮苗期间要加强管理，防止贮苗发热和鼠害，确保种苗质量。

当归成苗

当归成苗扎把

当归起垄覆膜垄上栽培技术

 1. 整地施肥

当归移栽前茬以禾谷类作物为好。

当归栽培应当选择肥沃疏松、排水良好的土壤,轮作周期3年以上,前茬收获后深翻30厘米,施入磷酸二铵每亩16~18千克,或尿素10千克和过磷酸钙25千克。

当归栽培过程中,按照要求所施用的有机肥料必须采用高温堆肥的方法达到无害化。在实际操作过程中,不管采用何种原料制作堆肥,必须经过50℃以上5~7天发酵,以杀灭各种寄生虫卵、病原菌和杂草种子,去除有害有机酸和有害

垄上多行栽培打孔与定植

气体。

 2. 起垄覆膜

先起垄后覆膜,垄面宽约40~50厘米,垄沟宽约30厘米、高15厘米。起垄时,垄面要平整,垄的方向与地块坡向一致,以便于雨季排水。地膜幅宽约60厘米,厚度为0.01毫米以上的黑色地膜为好。一般每亩用地膜3.5~4千克。覆膜时,要将地膜两边拉紧压实。每隔2米左右,压一条宽约10厘米的土腰带,以防大风揭膜。由于黑色地膜易吸热且不透阳光,因此对杂草杀伤作用明显,保温保湿,增产效果好于白色

垄上两行栽培模式

地膜。

3.定植

定植时,在垄上破膜垂直打孔2行,行距约20厘米,孔距约20~25厘米,深度约10~15厘米。每孔定植1~2株当归苗,定植时要将当归苗垂直插入定植孔,用土将苗压实,苗头覆盖一小撮(约15克)毒土,然后用土将定植孔覆盖严实,以防跑墒。毒土的配制方法是,用50%辛硫磷乳油600毫升(或辛害首4~5千克)和40%多菌灵粉剂150克,与100千克细土拌匀配成。可以预防地下害虫和当归麻口病。

定植也可采用宽垄多行的方式。垄宽80~100厘米、高15厘米、宽30厘米。垄上定植3~4行。采用宽垄多行定植的要适当加大株距,一般株距为25~30厘米。

起垄

农业科技明白纸

党参拱棚覆盖遮阳育苗技术

 1.拱棚规格

1)跨度6米,棚高2米,棚长依地形而定,南北走向。

2)架材5厘米宽竹片,间距1米,5号铁丝纵向均匀拉固定线3道,每间隔3米立1支柱。

3)棚膜选透光率50%黑色遮阳网,整体覆盖。

 2.育苗方法

1)品种选择:渭党1号,渭党2号,渭党3号

渭党1号

渭党2号

2)育苗时间:3月下旬至4月中旬。

3)选择土壤:育苗地轮作周期3年以上,选择麦茬或豆茬。

4)土壤处理:整地时,每亩施5%毒死蜱颗粒剂2千克、50%多菌灵可湿性粉剂1000克,拌细土50千克撒于地面,翻入土中。

5)施肥:每亩施草木灰600千克、磷酸二铵20千克、尿素10千克、农用硫酸钾5千克,钼酸铵100克,硫酸锌1000克,均匀撒于地面,翻入土中。

6)整地做畦:土壤湿润,疏松,无杂物,平整。畦宽1.2米,畦间距30厘米,畦高10厘米。

渭党 3 号

7）播种：每亩播种量 5 千克。行距 10 厘米，深度 2 厘米，覆细土厚度 0.5 厘米，覆盖洁净麦草 1 厘米厚。

8）保湿：在出苗前保持土壤湿润。

 3.田间管理

（1）除草

苗出齐后用剪刀剪除杂草，除草原则是见草就除，避免危害幼苗。

（2）揭草

当苗高 1 厘米时全部揭去麦草。

（3）间苗

苗高 1 厘米时进行间苗，苗间距 1.0 厘米见方。

（4）防病治虫

苗期病害主要有白粉病、锈病、斑枯病、烂叶病，虫害主要有蚜虫。

白粉病：用 75%百菌清可湿性粉剂 500 倍～600 倍液喷施。

锈病：用 80%代森锰锌可湿性粉剂 600 倍～800 倍液喷施。

斑枯病：用 50%甲基拖布津 800 倍～1000 倍液，每 7 天 1 次，连喷 3 次。

烂叶病：用 5%噁霉灵 500 倍～1000 倍液，每 10 天 1 次，连喷 3 次。

蚜虫：用 1.8%阿维菌素乳油 2000 倍液喷施。

（5）揭膜

于 8 月上旬全部揭去遮阳网（麦草）。

 4.起苗

（1）时间

3 月上旬至 4 月上旬起苗，采取边起苗边移栽方式。

（2）要求

防止断根伤苗，保持种苗完整，每 300 苗扎一把，扎苗时苗间加入适量细湿土，确保种苗质量。

农业科技明白纸

白条党参规范化栽培管理技术

1.整地

选择土层深厚、肥沃疏松、排水良好的沙质壤土，不宜选择黏土、低洼地、盐碱地种植。前茬以豆类、薯类、油菜、禾谷类等作物为好，不可连作，轮作周期要3年以上。深翻30厘米，秋后耙耱收墒。随整地施入充分腐熟的有机肥2000千克/亩。播前浅耕时，施入50%锌硫磷300克/亩。

党参种子

2.育苗

春播在3月中旬。遇干旱可等雨播种。播种量每亩1.5～3.0千克，干旱时增大播种量。覆土厚度0.2～0.4厘米，稍加镇压，播后立即用小麦秸秆覆盖，厚度约5厘米，也可用遮光率65%遮阳网覆盖。随时除草。苗生长到5厘米时间苗，苗间距3～5厘米。

党参出苗

3.移栽

春季移栽时间3月中下旬，秋季移栽可在土壤封冻前进行。株距3～6厘米，行距25厘米。苗头低于地面2厘米，移栽前去除腐烂、发霉、苗体有病斑虫伤、割伤、擦伤、折断的伤病苗及根茎粗1厘米以下小苗，应选择健壮、无病虫感染、无机械损伤、表面光滑、苗子质地柔软、均匀，根径粗为2～5厘米，苗长15厘米以上，百苗鲜重40～80克的优质种苗，为了保证党参的质量，建议每亩栽植2.2万～2.3万株，栽植前用浓度0.06%腐殖酸钠溶液蘸根，可有效防治

党参幼苗

优质党参苗

党参晾晒

缺肥症状时可用0.2%磷酸二氢钾喷洒叶面。雨季注意排水。

党参生产田

5.虫鼠害

党参地下害虫可用撒毒饵的方法防治。党参鼠害十分严重，最佳的防治方法是弓箭射杀。

党参死苗、烂根、品质退化等问题。

6.采收与加工

4.田间管理

移栽后及时除草。党参移栽后杂草生长迅速，与党参苗争肥、争水、争光，如不及时拔除，将影响党参生长。一般在移栽后30天苗出土时第一次中耕除草，苗蔓长5~10厘米时第二次中耕除草，及苗蔓长25厘米时第三次中耕除草。藤蔓层过厚影响植物光合作用，可割去生长过旺的枝蔓茎尖20厘米左右。在苗高30厘米时，用细竹竿或树枝等进行搭架。6~7月盛花期出现

二年生收获，霜降之后，党参地上部变黄干枯，用镰刀割去地上藤蔓，再起挖，按粗细大小分等级，在干燥通风透光处的晾晒数日，根系变柔软，用细线串成1米长的串，晒干或烘干至含水量在15%以下，避免用硫黄熏蒸。

党参晾晒

党参大田

党参晾晒

纹党参规范化栽培管理技术

1. 整地与施肥

选择土层深厚、肥沃疏松、排水良好的沙质壤土，不宜选择黏土、低洼地、盐碱地种植。前茬以豆类、薯类、油菜、禾谷类等作物为好，不可连作，轮作周期最好是3年以上。党参施肥优先选择优质腐熟的农家肥，有机肥与无机肥配合使用，氮、磷、钾肥平衡施用，要重施和一次施足基肥。基肥一般结合深耕进行，在前作收获后深翻30厘米，随翻地施入厩肥等优质有机肥料约2000千克/亩、磷酸二铵20千克/亩，或尿素16.7千克/亩和过磷酸钙36千克/亩。若种植区山高路陡，运送大量农家肥有困难，建议配合施腐殖酸含量高的泥炭20千克/亩或豆饼7千克/亩，以补充有机质的消耗。

2. 育苗

多采用春播，3月初土地解冻后进行。育苗播种量一般在2~2.5千克/亩。可条播也可撒播，播深0.2~0.5厘米。播后用秸秆或不含种子的禾本科杂草覆盖。可用65%遮阳网覆盖。待60%出苗后揭去覆盖物，随时除草，幼苗长至4~5厘米时进行间苗，苗距4~7厘米。对幼苗生长稠密的田块，小苗生长到5~7厘米时要进行间苗，最小苗间距约1.0厘米，平均苗间距3.0~3.5厘米，密度以每平方米800~1000株以内为宜。根据苗情进行追肥，可用尿素和磷酸二氢钾各50克加水10千克，在苗床上喷施。冬前将苗地茎藤连同杂草等去除，集中烧毁。

3. 移栽

春季移栽时间3月中下旬，秋季移栽可在

纹党参大田

土壤封冻前进行。株距3~6厘米，行距25厘米。苗头低于地面2厘米，移栽前去除腐烂、发霉、苗体有病斑、折断等伤病苗及根茎粗1厘米以下小苗，选择健壮、无病虫感染、无机械损伤、表面光滑、苗子质地柔软、均匀，根径粗为2~5厘米，苗长15厘米以上，百苗鲜重40~80克的优质种苗。栽植前用浓度0.06%腐殖酸钠溶液蘸根，可有效防治党参死苗、烂根、品质退化等问题，为了保证纹党参优等品出成率，建议每亩栽植2.2万~2.3万株为宜。

4.田间管理

出苗后如有缺苗可取地边栽的备用苗带土移栽补苗。定植后30天进行第一次除草，以后视杂草生长情况随时除草。进入雨季后，及时排除积水。每年6月叶面喷施磷酸二氢钾1千克/亩，生长较弱的地块夏季雨天追施尿素4千克/亩。鼠害弓箭射杀防治。锈病亩用20%三唑酮乳油80毫升或15%粉锈宁可湿性粉80克兑水50~60千克喷雾防治。

5.采收与加工

移栽后生长3~5年或5~7年生可收获，9月下旬至11月上旬采收。割茎藤后，用两齿铁耙（棕子）采挖，避免断根、碰伤。鲜纹党参洗净后晾晒约2~3天，待根体发软后，按大小分等，用干净的细麻绳串成1米长的串子晾晒。根体发软时进行第一次揉搓，揉搓后继续晾晒，数日后再揉搓，然后卷紧堆放于木板上用篷布盖严发汗，发汗后第3次揉搓，然后晒干。避免熏硫。

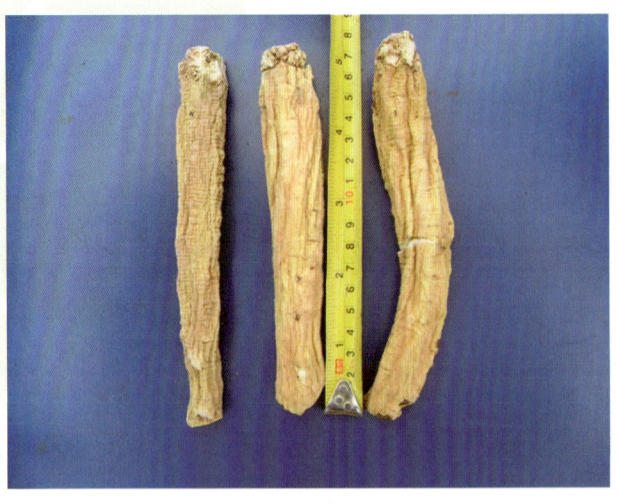

纹党参成品

农业科技明白纸

党参根腐病综合防治技术

1.症状识别与发生特点

初期,靠近地表的根上部及须根、侧根产生红褐色病斑,后逐渐蔓延到主根至全根。根部自下向上呈黑褐色水渍状腐烂,最后植株由下向上变黄枯死。如发病较晚,秋后可留下半截病参(下图右)。来年春季,病参芦头虽可发芽出苗,但不久继续腐烂,植株地上部叶片也相应变黄并逐渐枯死。有时,部分叶片出现急性萎蔫枯死,整个参根内部维管束变褐,不久全株萎蔫、枯死。腐烂根上有少许白色绒状物(下图左),病菌在土壤和带菌的参根上越冬。上年已感染的参根在5月中下旬出现症状,6~7月为发病盛期。急性型根腐发病较晚,一般6月中下旬出现病株,8月为发病高峰,田间可持续为害至9月。在高温多雨、低洼积水、藤蔓繁茂、湿度大以及地下害虫多的连作地块发病重。多发生于2年生植株。

2.防治技术

(1)耕作栽培

与禾本科植物实行3年以上轮作。初冬,彻

底清除田间病株残体,减少初侵染来源;深翻土地,将病菌压于土壤深层;平整土地,避免低洼积水。发现病株及时拔除,病穴用生石灰消毒,并全田施药。

(2)防治地下害虫

及时防治蛴螬等地下害虫,以利于减少虫伤口,减轻发病。

(3)药剂防治

①土壤处理:发病严重地块,整地时用50%多菌灵可湿性粉剂每亩3千克,拌细土20~30千克,顺沟施入,或用20%乙酸铜(清土)200克拌细土20千克,撒于地面,耙入土中,进行土壤处理。②种苗处理:种苗用70%甲基硫菌灵可湿性粉剂800倍液或50%多菌灵可湿性粉剂500倍液浸苗5~10分钟,沥干后栽植。③病株灌药:发现病株后,用50%多菌灵可湿性粉剂600倍液、3%恶霉·甲霜(广枯灵)水剂700倍液、30%苯噻氰(倍生)乳油1200倍液和3%多抗霉素(多氧清)水剂600倍液灌根。

黄芪根部病害综合防治技术

黄芪根部病害主要有由镰孢菌引起的根腐病、立枯丝核菌引起的茎基腐病及由黄芪根瘤象等地下害虫危害造成的"麻口病"等。

1.农业防治

（1）耕作栽培措施

平整土地，防止低洼积水；实行轮作；合理密植，以利通风透光；栽植、中耕及采挖时尽量减少伤口；采挖时剔除病根和伤根；防治地下害虫，减少虫伤；彻底清除田间病残体，减少初侵染源。

（2）选择健壮黄芪苗

黄芪苗在移栽前须仔细选择，将苗体腐烂、发霉、有病斑、虫伤、折断的伤病苗除去。

（3）合理轮作倒茬

与油菜、马铃薯、蚕豆等作物实行轮作种植，可有效减轻病害危害。

（4）土壤选择

当归栽植以土层深厚，排水方便，腐殖质多的微酸性土壤为宜，对抑制病虫为害效果显著。

（5）合理施肥

施肥以有机肥为主，农家肥及油渣等要求腐熟。注意氮、磷、钾肥比例配合适当，防止偏施氮肥导致抗病性降低。

黄芪根腐病

2.化学防治

（1）育苗地及大田土壤处理

育苗地按每亩用5.2%阿维菌素·毒死蜱颗粒剂3千克，40%多·福·溴可湿性粉剂1千克，加细土30千克拌匀撒于地表、耙入土中。栽植时栽植沟（穴）也可用此药土处理，或可在栽植沟喷施15%阿维菌素·毒死蜱微胶囊剂500倍液加40%多·福·溴可湿性粉剂600倍液。

（2）药液蘸根

栽植前用3%噁霉灵·甲霜灵（秀苗）水剂500倍液、30%琥胶肥酸铜悬浮剂500倍液、70%吡虫啉可分散粉剂200倍液蘸根10分钟，晾干后栽植。

黄芪根腐病

定植前蘸根

黄芪种子处理与集约育苗技术

 1.选地

选择土层深厚、疏松、排水良好、中性或微碱性沙质壤土或沙壤土地块。避免与豆科作物轮作，忌连茬重作。

 2.整地

将土壤耙细整平，多雨易涝地应做高畦。

 3.施肥

耕翻整地时每亩施充分腐熟细碎的农家肥3000千克左右。

 4.种子处理

（1）机械擦伤

用碾米机在大开孔的条件下快速打一遍，一般以起毛为度，或者将种子与直径为1~3毫米

覆膜打孔

的粗沙按1:1的体积混匀，用碾子压至划破种皮为好。

（2）硫酸处理

将种子用浓度为70%~80%的浓硫酸溶液浸泡3~5分钟，取出迅速置于流水中冲洗半个小时后播种。

（3）沸水催芽

先将种子放入沸水中急速搅拌1分钟，立即加入冷水将温度降至40℃，再浸泡2小时，然后把水倒出，种子加盖麻袋等物焖12小时，待种子膨胀或外皮破裂时播种。

 5.育苗时间

3月下旬至6月中旬均可育苗。

 6.播种方式

选用120厘米宽的地膜，不起垄，地膜直接

黄芪种子

播种覆沙

播种覆沙

覆在整好的地面上，垄面 100 厘米，垄间距 20 厘米。地膜覆好后，在膜面上用点播器打穴眼，穴眼深 0.5~0.6 厘米，穴距 3~4 厘米，行距 9~10 厘米。每垄点种行数按打眼器的直径大小来定。一般打眼器直径在 5~10 厘米之间，播种行数在 7~11 行之间，眼打好后将 15~25 粒种子均匀地撒入穴眼，用 0.2 厘米厚湿土盖住种子，再用 0.4 厘米厚细沙封口即可。

7.田间管理

（1）除草

除草次数按田间草情而定，一般不少于 4 次。

（2）间苗定苗

一般在苗高 6~10 厘米时进行疏苗，当苗高 15~20 厘米时定苗。

（3）追肥

在定苗后亩追施尿素 4~5 千克。

（4）灌溉

黄芪苗生长受湿度影响最大，土壤湿度不足会影响黄芪发芽、出苗和长势。为确保苗齐、苗壮，在灌足底墒的前提下，要随时观察土壤墒情，随旱随浇，一般情况下浇水 3 次。注意病虫害防治。

（5）挖苗

挖苗时苗地要潮湿松软，以确保苗体完整。采挖先从地边开始，然后逐渐向里挖。挖出的种苗要及时覆盖，以防失水。最后将苗分级扎成 10 厘米的带土小把，运往异地定植。

黄芪标准化栽培管理技术

1.整地施肥

黄芪根系发达，入土较深，喜肥沃土壤，怕田间积水受涝。种植黄芪地块要求土层深厚，结构良好，排灌便利，富含腐殖质的黑垆土或黄绵土为宜。前茬以禾谷类、薯类为好。前茬收获后深翻35厘米，亩施磷酸二铵20千克，腐熟有机肥5000千克以上，化肥尿素10千克，硫酸钾8千克。施肥方法，肥料全部用作基肥，采用深施方法一次均匀施入土壤。移栽前，选用施50%辛硫磷乳油1.0～1.5千克/亩，加水30千克进行土壤处理。

采收的黄芪种子

黄芪制种田

2.育苗

黄芪的种皮比较厚，为了保证出苗率，播种前将选好的种子放入开水中，快速搅拌90秒钟，然后立即加入冷水冷却，待水温降至40℃后再浸种2小时，再将水沥出，加盖麻袋等物闷种12小时，待种子膨胀后，抢墒播种，亦可将种子捞出拌入细沙或稍晾后马上播种。在播种前将种子浸于50℃的温水中，随时搅拌至凉，加水量应浸没种子。浸泡6~12小时，再将种子捞出装入布袋内催芽而后播种。3月下旬至5月上旬育苗，按行距20厘米开浅沟，沟深2厘米，用细干土拌种子，用手均匀撒播在沟里种子播下后，用铁网筛将细碎的湿沙筛在种子上，覆沙厚度1厘米然后稍加镇压，使土壤和种子结合紧密，立即秸秆覆盖保墒，亩播种量约6千克。

3.移栽

移栽时间3月中旬，苗栽萌动前，只要土壤解冻，即可移栽，越早越好。在移栽前，将腐烂、发霉、苗体有病斑虫伤、割伤、擦伤、折断的伤病苗除去。可选择根长20厘米以上、直径2~6毫米、苗鲜重3～6克苗子种植，亩种植黄芪苗约15 000株。

4.中耕除草

在黄芪成药期，要求中耕除草3次。第一次约在5月中旬进行，要浅锄；第二次约在6月中旬进行，要求锄深锄透；第三次约在7月中旬进行，要求浅锄、细除。

5.打顶疏花

如不采收黄芪的种子，应适当控制植株的高度，一般在6月份摘顶或在开花期摘去花蕾，以减少养分消耗，促使根部生长，以利提高产量。

6.病虫害防治

（1）白粉病发病

叶两面初生白色粉状斑，严重时整个叶片被白粉覆盖，叶柄和茎部也有白粉。被害植株往往早期落叶，严重影响生长。防治方法：可采用20%粉锈宁粉剂500倍~800倍液喷雾进行防治，7~10天1次，连喷2~3次。

（2）黄芪锈病

由真菌引起的病害，主要危害叶子，发病时，在黄芪叶的表面有大量锈孢子，呈中间1堆，周围1圈的红褐色至暗褐色的粉状堆。高温高湿、排水不好、种植过密、通风透光不良均有利于发病。防治方法：收获时清除田间植物残余，集中烧掉。种植时不应过密。发病时，用65%代森锰锌400倍~500倍液或波美0.2~0.3度石硫合剂喷雾。

（3）豆荚螟

幼虫在豆荚内蛀蚀豆粒，造成豆粒残缺不全或被吃光。防治方法：用5%马拉硫磷1000倍液喷雾，每7天喷1次，一般需要喷施2~3次。

（4）根结线虫病

病原菌为根结线虫，危害根部。防治方法：实行水旱轮作或与禾本科作物轮作；整地时每亩用100千克石灰氮进行土壤处理；选用无病原的种苗进行移栽。

（5）蚜虫

以槐蚜为主，多为害枝头幼嫩部分及花穗等，致使植株生长不良，造成落花、空荚等，严重影响种子和商品根的产量。防治方法：发病时用40%乐果乳油1500~2000倍液，或用1.5%乐果粉剂，或用25%敌百虫粉剂喷施，每7天喷1次，连续2~3次。

7.收获与产地初加工

10月下旬，当叶片开始变黄时即可采挖，采挖前3天，割去地上茎叶。黄芪根深，挖时用40厘米左右的钢叉可从一边挖出新药，注意勿将根挖断，避免造成人为的减产。黄芪收挖后应挑除病株，及时分级运回，不可堆置。切下芦头，抖净泥土，摊放在干燥通风透光处的竹箔上或干燥平坦的地面晒数日，使水分蒸发，晾晒至根系柔软时，按粗细大小分等，用手顺握轻轻揉搓，使皮肉紧实，继续晾晒，半干时继续用木板等揉搓，7成柔干时剪去侧根及须根，大小分等用细线扎成重约500克左右的把子，根部压紧绑扎使之顺直，晒干或烘干至含水量12%以下，入库防潮防虫保存，严禁硫黄熏蒸。

黄芪采挖前的茎叶清理

采挖黄芪

柴胡标准化栽培管理技术

1.品种选择

柴胡的品种有北柴胡、南柴胡等多个品种，在播种前应根据当地的气候条件，选择适宜的品种。目前推广的中柴1号等。

2.整地施肥

选择肥沃、疏松、不积水的大田或缓坡山地种植。每亩施入腐熟农家肥2500千克、过磷酸钙50千克、硫酸钾20千克做基肥，深耕30厘米，整平耙细，做110厘米宽的平畦。雨水偏多的地区可做130厘米宽的高畦，畦的四周挖好排水沟。

3.种子处理

在播种前，先将种子浸入40℃~50℃的温水中浸泡4~6小时，捞去浮在水面的瘪籽，将饱满的种子与洁净的河沙按1:2的体积比拌匀，置于土坑或容器里催芽，温度控制在18℃~22℃，20天左右，有1/3种子"露白"时即可播种。亩用种量2~3千克。

整地平畦种植

4.播种

柴胡播种期从春季到秋季均可播种。在北方干旱地区以夏秋季土壤墒情好时播种最好。

起垄种植

柴胡一般选择条播，也可与其他药材套种、林下种植等。在直接播种时，应盖草保温保湿，出苗率达60%时，揭去盖草，同时可适量浇水，以待苗齐。

5.田间管理

一般来说，柴胡齐苗后，要注意防旱保苗。在

农业科技明白纸

林下种植

套种

苗高5厘米时，间苗，定苗。株距5~8厘米,行距15~20厘米,以图上宽窄行种植为好。

从柴胡出苗开始到柴胡的整个生育期内均要随时除草。根据旱情,随时浇水;在生长期还可追肥,最重要的是在柴胡开始抽薹时,要打花薹,以利增产。

 6.病虫害防治

柴胡有根腐病，初期可用50%多菌灵1000倍液或70%甲基托布津1000倍液灌

采挖柴胡

株。虫害可用"扑虱蚜"灭杀。

 7.收获加工

播后第2年10月下旬，割去地上部分，晒干,扎捆,即为软柴胡。沿畦一端,开沟,仔细挖出根条,晒干即为商品。

种植柴胡,合理密植、重施磷钾肥、现蕾期打花薹、防止根腐病的发生是增产的主要措施。

露地种植

根腐病症状

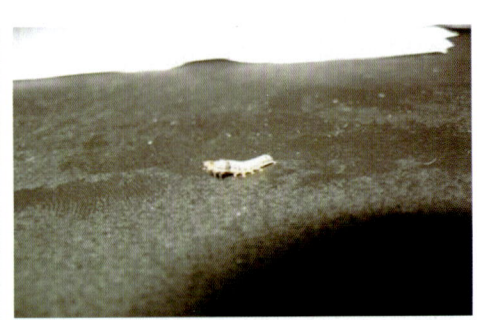
食柴胡的虫子

24

秦艽集约化育苗管理技术

1.整地

将育苗地深翻后耙细整平，最好做小畦，留好走道，便于浇水和除草。秦艽种子很细小，苗床一定要精耕细作，做到"地平如镜，土细如面"。

2.播种

（1）播种时间

大田直播可以在4月中旬左右播种，日光温室可在9月下旬，种子采收后即播种，玻璃温室一般10月下旬、11月上旬播种。

（2）播种量

每亩用种1.5~2.0千克。

（3）种子处理

播种前将秦艽种子用赤霉素（500毫克/升）或温水（20℃）浸泡24小时捞出用清水冲洗后晾干可提高发芽率。

（4）播种方法

一般采用撒播，也可条播。播种时将种子均匀地撒到地面上，轻耙一遍，然后用遮阳网或麦草覆盖，待出苗后去除。

3.浇水

秦艽播种后需立即浇水，出苗前一直保持土壤湿润。根据天气、墒情浇水，要做到勤浇，轻浇，一般在清晨和傍晚，切忌中午高温天气浇水。

4.除草

出苗前需要经常除草，保持田间清洁，除草时要注意不能破坏地面平整，最好在杂草小的时

整地

浸种

农业科技明白纸

条播、覆盖

出苗

候随时拔除。

5.间苗

秦艽苗长到能用手抓住时,进行疏苗,苗与苗之间保持1厘米左右的距离。到苗长到3~4片叶时,进行间苗,使苗与苗之间的距离达到2~3厘米为宜。

6.种苗采挖

一般在移栽前采挖。采挖时尽量挖的深一些,不要损伤根部,特别注意保证须根的完整。苗挖出后将根上的土抖净,理顺装入筐或袋内,也可扎成小把,便于搬运。

已收获的秦艽苗

未收获的秦艽苗

半夏地膜覆盖种植技术

1.选地整地

半夏种植宜选疏松肥沃、湿润,具排灌条件的沙壤土,盐碱、低洼地、黏重土不宜栽培。忌重茬。播前结合整地,每亩施腐熟的有机肥或土杂肥 2500~4000 千克、过磷酸钙 15~20 千克作基肥,深翻耙细整平,做成 1 米宽的畦,长度不宜超过 20 米,以利灌排。

2.播种

选当年生直径 0.5~1.5 厘米的块茎作种,一般于春季平均气温 10℃左右时播种为宜。在整好的畦内,按行距 20 厘米开 4~5 厘米深的沟,将种茎撒播种植,覆土盖平,稍加镇压。每畦

播种后覆膜

播种完后覆盖地膜来保墒,利于种茎出苗。

3.田间管理

通风、揭膜:播种后,春季一般 20 天出苗,出苗 10% 时膜上打孔用土块顶起通风炼苗,待出苗 80% 时即可揭掉地膜。

追肥、培土:苗齐后及时松土锄草。5 月下旬至 6 月上旬,珠芽长成并开始脱落时,每亩追施

整地

放苗通风

夏季遮阴

半夏中期长势

腐熟农家肥500~1000千克与尿素5千克混合撒于沟内。6月以后,叶柄上的珠芽成熟落地,种子也陆续成熟并随植株的枯萎而倒地,视情况培土2~3次。厚约1.5~2厘米,盖住珠芽和种子。

遮阴:光照太强地方可在畦边间作玉米等高秆作物,或6月份搭架遮阴。

摘蕾:除留种外,应于5月抽花薹时摘除花蕾。

 4.收获

9月份叶片枯黄时采收。收获后需加工的鲜半夏要及时去皮,堆放过久不易去皮。清洗时避免手、脚及皮肤与半夏直接接触,以防中毒。

采挖的半夏

根茎类中药材主要地下害虫综合防治技术

中药材的地下害虫主要有蛴螬、象鼻虫、金针虫、蝼蛄、地老虎等，对不同药材为害严重度不一，可根据不同药材种类和为害程度选择相应防治措施。

1.农业防治

（1）合理轮作倒茬

可与不同科农作物或药材实行3年以上轮作，避免连茬或同科作物连作。

（2）合理施肥

施用堆沤发酵充分腐熟的鸡粪、猪粪、牛粪等有机肥，避免施用未腐熟的厩肥，减少粪肥着卵量，增施磷钾肥等措施提高植株抵

蛴螬

沟金针虫

蛴螬成虫（小云斑鳃金龟和大黑鳃金龟）

象鼻虫成虫及幼虫

抗力，提倡氮、磷、钾配合施用，避免偏施氮肥。

（3）田间管理

生长期适时浇水，见干即浇，使部分害虫的卵不能孵化，中耕除草时人工采集幼虫，采收后及时深翻、冬季灌水，降低越冬虫源量。

（4）清洁田园

秋天药材收获后，应该彻底清除田间所有植株残体和各类杂草，破坏地下害虫的越冬场所，减少次年的初侵染虫源。

2.物理防治

（1）人工采集

可根据不同种类的害虫在不同时间采集，如早春3月底至4月初，越冬成虫出土活动时人工采集，象甲成虫和网目拟地甲成虫；夏季6~7月份，可采集蛴螬的成虫，如大黑鳃金龟、小云斑鳃金龟。

（2）糖醋液诱集

在成虫出土活动时用糖醋液进行诱集，然后带出田间处理，也可在诱集时加入杀虫剂进行毒

农业科技明白纸

细胸金针虫

杀，配方为糖、醋、水、酒按 3：4：2：1 的比例配置，并加入总量 0.2% 的 90% 晶体敌百虫。

（3）灯光诱杀

利用成虫有趋光性，有条件的地方，可于夏季 6~7 月，羽化

2000 倍液喷洒栽植沟；

2）育苗田，播前可用 95% 棉隆（必速灭）每亩 5~6 千克，加细土 30 千克拌匀，撒于地面，翻入土中 20 厘米，20 天后再松土播种。

（2）药液蘸根

种苗栽植前可用 50% 辛硫磷乳油或 48% 毒死蜱乳油 500 倍液，或 1.8% 阿维菌素乳油 1000 倍液蘸根 30 分钟，晾干后栽植。

（3）药液灌根

可根据不同药材种类和不同种植方式，选择不同的灌根方法，如黄芪于 5 月下旬和 6 月下旬各灌根一次，每亩用 50% 辛硫磷或 48% 毒死蜱乳油 1000 毫升，稀释成药液，在浇水前均匀撒施于地表，然后浇水；当归则用上述药剂加水 150 千克，每株灌稀释液 50 克，5 月上旬和 6 月中旬各灌 1 次。

蝼　蛄

成虫出土活动时，在田间地头夜间悬挂黑光灯诱捕，或设置电子杀虫灯诱杀成虫，减少田间虫卵数量。

3.化学防治

（1）土壤处理

1）种苗移栽前用 3% 辛硫磷颗粒剂或 3%

地老虎

地老虎成虫

毒死蜱颗粒剂，按每亩 3~5 千克，或 50% 辛硫磷或 48% 毒死蜱乳油按每亩用量 1000 毫升，拌细土均匀撒于地面，翻入土中，或用 1.8% 阿维菌素乳油 1000 倍~

黄芪药液蘸根

当归药液蘸根

甘草集约化育苗技术

1.种子处理

甘草种子的种皮比较厚,为了提高种子的发芽率,育苗之前,甘草种子最好做如下处理:

(1)硫酸处理法

将纯净的种子每千克用80%的硫酸20~30毫升搅拌均匀,见种皮有均匀的硫酸腐蚀痕迹后用清水冲洗晒干待用。

(2)碾破种皮法

将种子放在碾盘上,厚3厘米,随碾随翻动,当碾到种皮呈黄白色时即可,然后将碾过的种子放入40℃的温水中浸泡2~4小时,捞出用凉水冲洗掉黏液即可播种。

(3)湿沙埋藏法

先将种子在70℃的温水中浸泡8~10个小时捞出后埋藏在湿沙土中,用湿布或草帘覆盖,经常洒水,保持湿润,待气温回升到18℃~20℃时,取出播种,此法在育苗前50~60天进行。

(4)增温复浸法

将种子放入60℃的温水中浸泡6~8小时,此时可一边倒水一边将浸过的种子漂出,反复几次,直到把浸开的种子全部漂出待用;将未浸过的种子放入100℃开水中浸2~3秒,捞出,立即放入凉水中2~3分钟,而后再放入60℃的温水中浸泡2~4小时,捞出后与漂出的种子合在一起,用清水冲洗掉黏液,即可做播种用种。

2.整地施肥

甘草育苗适宜土壤为沙壤土、壤土等,应选择海拔1600~2500米,降水量400~500毫米,≥10℃,积温2000℃~2500℃的区域内土质疏松、肥沃的地块,土层厚度50厘米以上。育苗前必须精细整地,8月初至10月初秋翻,深度25~30厘米,随翻、随耙,清除残根、石块,耙平耙细。春季解冻后,及时整地,结合整地每亩施入腐熟农家肥 4000~5000 千克、过磷酸钙 30 千克和尿素 10 千克或磷酸二铵 7.5 千克、尿素 7.4 千克。

3.播种

3月下旬至4月中旬，当土壤5厘米以下地温稳定在10℃左右时，即可播种。甘草育苗覆膜播种与撒播均可。覆膜播种即在垄面宽1米左右垄上，均匀撒上甘草种子，覆土2~3厘米，然后覆膜。撒播时先将种子均匀撒于整好的畦面，播后覆土约3~5厘米。覆膜播种育苗播量为6~8千克/亩，撒播育苗播量为8~10千克/亩。

4.田间管理

甘草种子播种后，随时观察土壤墒情，遇到干旱及时浇水，有条件的地方宜采用滴灌或喷灌。一般情况下浇水3次，苗出齐后第1次灌水，苗高至10厘米时第2次灌水，后期若干旱第3次灌水。秋季8~10月份雨水较多，要注意及时排水。根据种苗长势进行追肥，结合第1次灌水追施尿素5千克/亩，第2次灌水后可适量喷施磷酸二氢钾叶面肥。种苗高度达10厘米左右时，要及时中耕除草，疏松土壤深度约5厘米。除草要除早、除尽，生长期内至少要除草5次。

甘草褐斑病综合防治技术

1.症状识别与发生特点

主要危害叶片。叶部产生中小型（2~8毫米）病斑，通常在叶脉一侧或主脉与侧脉分叉处的三角区发生，呈多角形、不规则形、长条形，褐色至黑褐色，病斑边缘清晰或不清晰，斑上有黑色点状霉状物（下图）。发病严重时，病斑相互连接，叶片变为淡红褐色至紫黑色，大量脱落。叶柄上病斑长条形、长椭圆形，淡紫红色至淡紫褐色。病菌以菌丝体和分生孢子梗在病残体上于地表越冬。翌年，条件适宜时，分生孢子借风雨传播引起初侵染，病斑上产生的分生孢子可进行再侵染。7~8月高温季节，降雨多、露时长、湿度大时病害发生严重。一般育苗地发生较轻，二年生生产田发生严重。

2.防治技术

（1）耕作栽培

及时割掉地上枝叶，集中堆放、覆盖。春末前处理完枝叶，以免降雨水后病菌飞散；适当密植，以利通风透光；增施磷、钾肥，提高甘草抵抗力；初冬，彻底清除田间病残组织，减少初侵染来源。

（2）药剂防治

发病初期喷施70%代森锰锌可湿性粉剂600倍液、50%苯菌灵可湿性粉剂1000倍液、50%甲基硫菌灵可湿性粉剂500倍液、77%氢氧化铜可湿性粉剂800倍液、25%咪鲜胺乳油2000倍~3000倍液及50%氯溴异氢脲酸可溶性粉剂1000倍液，注意均匀喷药，中下部叶片不可遗漏。

甘草锈病综合防治技术

1.症状识别与发生特点

叶片及茎秆均受害。初期叶片正面症状不明显,叶背面产生灰白色、灰黄色圆形疱斑,后增大呈半球状,表面光亮,表皮破裂后露出黄褐色夏孢子堆并散出夏孢子。发病严重时,整个叶片覆盖夏孢子堆,引起叶片至全株叶片枯死(下图)。后期在叶片两面产生黑褐色冬孢子堆,并散出黑粉状冬孢子。病菌在植株根、根状茎和地上部枯枝上越冬。翌年春开始侵染,2年生甘草5月即开始显症,育苗地多在7月份发生,栽培甘草病害重于野生甘草。一般光果甘草抗病性较强,乌拉尔甘草次之,胀果甘草高度感病。温暖、潮湿及多雨天气病害发生重。

2.防治技术

(1)清洁田间及耕作栽培与褐斑病相同

(2)药剂防治

发病初期喷施20%三唑酮乳油2000倍液、25%嘧菌酯悬浮剂1000倍~2000倍液、12.5%烯唑醇(速保利)可湿性粉剂2000倍液、25%丙环唑(敌力脱)乳油3000倍液及40%氟硅唑乳油4000倍~6000倍液。灌根较叶面喷洒效果好。

板蓝根标准化栽培管理技术

1. 整地施肥

应选择地势平坦，排水良好，土层深厚，肥沃、疏松的沙质壤土地块种植，前茬最好为豆科或禾本科作物。种植板蓝根地块前茬作物收获后，应及时深翻35厘米以上，整平后翌年种植，播种前深翻土地30厘米以上，每亩施腐熟农家肥3000~4000千克，氮肥(N)5.4千克，磷肥(P_2O_5)13.8千克，耙压碎土，整平作畦。

2. 播种

播种时间一般为4月下旬至5月上旬，播种前，先将种子用30℃~40℃温水浸泡4小时，捞出晾干后，拌细沙后待播。播种一般采用条播，在整好的地上，按行距20~25厘米，开2~3厘米浅沟，然后将种子均匀撒入沟内，覆土1~1.5厘米，稍加镇压，也可采用5行或6行播种机条播。墒情差的地块适当灌水，每亩地播种量2~2.5千克。

3. 田间管理

板蓝根出苗后及时查苗补苗，当苗高约7厘米时及时间苗，苗高10厘米时按株距6~8厘米定苗，结合间苗定苗及时进行中耕除草，结合中耕除草适当追肥，一般每亩施氮肥(N)3.6千克，磷肥(P_2O_5)9.2千克。

4. 病虫害防治

（1）霜霉病

夏秋雨季，发病严重，主要危害叶片。防治方法：发病初期用25%甲霜灵可湿性粉800倍液或70%乙锰可湿性粉剂600倍液喷雾。严重时用72.2%普力克水剂800倍液或58%金雷多米尔可湿性粉剂800倍液喷雾。

大田板蓝根

成药板蓝根

（2）菌核病

土传病害，高温多雨季节易发生。防治方法：一是与禾本科作物轮作，二是增施磷钾肥，三是施用石硫合剂于板蓝根基部。

（3）菜粉蝶

其幼虫俗称菜青虫。防治方法：可用生物农药BT乳剂200～250克或90%敌百虫800倍液喷雾防治。

5.留种技术

春播板蓝根于冬前采挖时，选择无病、健壮的根条移栽到留种地里，灌水保墒。株距为30厘米，行距为40厘米，留种地宜选在避风、排水良好、阳光充足的地方。次年发芽时加强肥水管理，于6~7月种子由黄转黑时，全株割下、晒干脱粒。秋播板蓝根自然越冬留籽。收种子的板蓝根已木质化，故不能药用。当年抽薹的板蓝根籽粒不能做种子用。

6.采收加工

春播板蓝根，以收大青叶为主的，在收根前，可收割2次，时间6月中下旬和9月上旬，收割时植株茎部离地面2厘米处割取，以利发新叶，伏天高温季节不宜收割，以免引起叶片死亡。收割后的叶子晒干，即成药用大青叶。以叶大、少破碎、干净、色墨绿，无霉味为佳。以收板蓝根根为主的，生长期不割叶子或只割一次叶子，应于入冬前选晴天采挖，挖时务必深挖，以防把根刨断。起土后，去净泥土和茎叶，摊晒至七八成干，分级扎成小捆，再晒至全干即可。以根条长直、粗壮均匀、坚实粉足者为佳。

板蓝根采挖现场

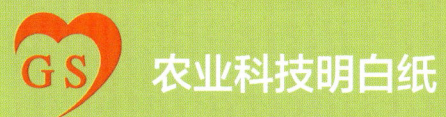
农业科技明白纸

大黄标准化栽培管理技术

1.整地

大黄是深根性植物，主根可深入土层30~45厘米，种植地宜选在海拔1800米以上的凉爽山地。对土壤要求较严，以排水良好、土层深厚、富含腐殖质的褐土、黑垆土为宜。选好地后要精细整地，结合整地，每亩施3000~4000千克腐熟厩肥或堆肥，深耕30厘米以上，翻埋土中作基肥。整地后及时耙耱，清除田间杂草、石砾及残留物，打碎土块。育苗地做成宽1.3~1.5米、高10~15厘米，畦间距30厘米，畦建在等高线上，坡度小于20°，以备播种。

2.育苗

大黄可以用种子直接播种，也可以育苗移栽，生产上通常采用育苗移栽。当年大黄种子采收后立即播种发芽率最高。当年种子采收后于7月中下旬播种，翌年9~10月份即可移栽。如果采用春播，应于早春土壤解冻后播种，其中部分大苗可在当年秋季即可移栽。播前，将种子曝晒，后用18℃~20℃的温水中浸8小时，浸出后用湿布覆盖，每天用凉水冲洗1~2次，当有1%~2%的种子萌芽时即可播种。大黄育苗条播与撒播均可。条播即在整好的畦上开横沟，沟距25~30厘米，播沟约10厘米宽，深3~5厘米，种子均匀撒于沟内，播后覆盖草木灰或细土，以不见种子为度。撒播时先将种子均匀撒于畦面，播后覆土约1~2厘米，覆草厚3厘米，稍镇压，亦可搭遮阳网。条播每亩苗床播种约4~5千克。撒播每亩苗床播种约5~7千克。幼苗出齐后，于阴天揭去覆草(遮阳网)。

3.移栽

在早春气温达3℃~5℃土地解冻时，根据地形自下而上起苗，用镢头挖进土层20厘米左右，轻摇镢头松动床土，从松动床土中小心拔出苗子，使其适量带土。起苗后将残叶除去，剪去侧根，除去病苗，根据大小20~30株扎成1把，待栽。

移栽最好是边起苗边移栽。以无病感染、少

大黄种子

二年生大黄

侧根、表面光滑、苗身直、皮色金黄、直径10～15毫米、长20厘米的苗子为好。3月下旬至4月上旬移栽,移栽时,在整好的土地上,按株距为50厘米,行距为70厘米挖穴,穴深35～40厘米,呈"品"字形。穴的后壁(坡度上方)要垂直,穴的前面开口要挖成簸箕形,穴口直径约33厘米,每穴栽苗2株,平栽,苗头距穴后壁10厘米为宜,栽后覆土5厘米。有条件的地方栽后浇水1次,促进种苗成活及快速生长。

 4.田间管理

由于大黄单株产量高,缺苗对产量影响大,出苗后发现缺苗,应及时补苗,对2株均成活的移栽穴,要留壮苗,生长到2～3叶时,拔除弱苗,进行定苗。

移栽后的大黄,第1年幼苗较小,生长缓慢,易受杂草危害,应及时进行中耕除草,促进幼苗生长。第2年视土壤板结和田间草害,进行中耕除草2～3次。高海拔地区栽培的大黄可延长至第3~4年,第3年在春、秋季各进行1次中耕,第4年在春季进行1次中耕。

大黄为喜肥植物,除施基肥外,每年还需进行追肥1～2次。以立秋前后追施效果较好,开

一年生大黄

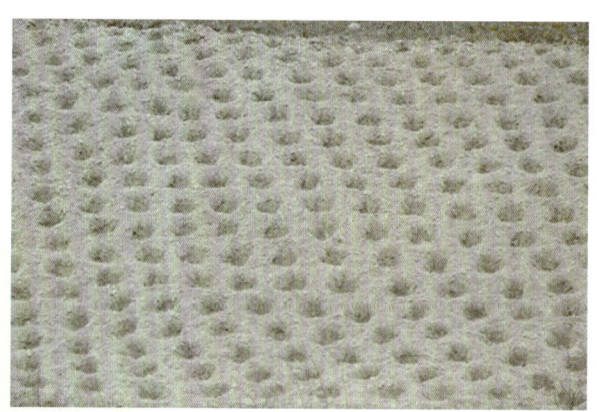

大黄挖穴

大黄栽植

沟亩追施优质腐熟农家肥 667 千克、饼肥 50 千克、过磷酸钙 20 千克。或于 5~6 月在行间开沟亩施入磷二铵 10 千克。也可叶面喷施磷酸二氢钾 0.3 千克/亩，于晴天下午 17～18 时喷施。

大黄移栽后，第 2 年 5~6 月开始抽薹开花，消耗大量养分，会显著降低产量和质量，故除留种子植株外，应及时打薹，在晴天进行，用小刀从基部切除。注意阴雨天不能打薹，以免雨水进入茎基杆中，引起根部腐烂，打薹后及时培土覆盖。

 5.病虫防治

根腐病要雨后及时排水；生长期经常松土，防止土壤板结；发病期用 50%甲基托布津可湿性粉剂 800 倍液浇灌病株根部。

蚜虫通常用辛硫磷 1500 倍液喷雾。

大黄田除草

大黄成药田

大黄产地加工

6.采收与加工

生长3年的植株在土壤冻结之前采挖,将根部深挖,抖净泥土,切去茎及细根,刮去粗皮,纵切成两瓣或切成卵圆形、圆柱形进行干燥。

大黄产地加工

大黄黑粉病综合防治技术

1.症状识别与发生特点

主要危害叶部的叶脉和叶柄。叶片受害初期叶背的叶脉局部变粗、隆起，呈网状、山脊状，有些呈囊状、球状，初呈粉红色、紫红色至玫瑰红色，后变红褐色至紫褐色。叶正面局部叶脉初呈浅黄色网状斑块，后变红褐色，严重时，叶片皱缩，病区内组织变红褐色至紫黑色坏死，呈瘤状。后期肿瘤破裂，散出黑粉，为病菌的冬孢子。叶柄受害形成大小不等的瘤状隆起，排列成行，初呈黄绿色至紫红色，后变黄褐色。植株生长后期，病瘤破裂，散出黑粉（下图）。潮湿时，病斑开裂处出现白色菌丝。严重时，病株叶片皱缩畸形，生长停滞，植株提前枯死，主要发生在大田栽培的二年生大黄上。病菌以孢子团随病残体在土壤中越冬。翌年，条件适宜时，萌发侵染。6月上旬即表现症状，7月为发病盛期，重茬地发病严重。

2.防治技术

（1）耕作栽培

实行3年以上轮作；从健康植株上采种；收获后彻底清除田间病残体，减少初侵染源。

（2）种子及土壤处理

按种子重量0.3%的50%多菌灵可湿性粉剂拌种，或用50%多菌灵可湿性粉剂按每亩4千克加细土30千克，拌匀后撒于地面，耙入土中，处理土壤。

（3）种苗处理

种苗栽植前用25%粉锈宁可湿性粉剂1000倍液，或50%多菌灵可湿性粉剂600倍液蘸根，晾干后栽植。

大黄轮纹病综合防治技术

1. 症状识别与发生特点

叶面初生红褐色圆形小斑,后稍隆起,形成圆形、近圆形、不规则形中大型病斑,病斑中央下陷,灰白色,略透明,有同心轮纹,边缘紫褐色(下图)。病斑多分散,少数融合。叶背病斑黄褐色,边缘紫褐色。后期病斑上生有黑色小颗粒,严重时,叶片枯黄而死。病菌以分生孢子器在病组织及子芽中越冬。翌年,条件适宜时进行初侵染,经风雨传播,引起再侵染。多雨、露时长、潮湿有利于病害发生,7~8月为发病盛期。

2. 防治技术

（1）耕作栽培

与禾本科、豆科植物实行4年以上轮作;收获后彻底清除田间病残组织,集中烧毁或沤肥,沤肥时要充分腐熟。

（2）药剂防治

发病初期喷施50%苯菌灵可湿性粉剂1200倍液、80%代森锰锌可湿性粉剂600倍液、40%多硫悬浮剂800倍液、40%春·王铜可湿性粉剂800倍液及45%噻菌灵（特克多）悬浮剂1000倍液。

枸杞集约化扦插育苗技术

1.插穗采集

在3月下旬，随着枸杞整形修剪，应当采集直径0.5～1.0厘米粗一年生结果枝条，截成长度为10～12厘米插穗，每100个插穗捆成一捆。

2.激素处理

将插穗基部2厘米以下部分经15ppm萘乙酸水溶液浸泡12小时。

3.温控催根

在电控温床上铺塑料薄膜，膜上铺厚1.5厘米、含水量40%的蛭石粉，成捆插穗竖立放置在温床上，捆间空隙用蛭石粉填充，用塑料薄膜覆盖后，开始升温催根。插穗底部温度保持在16℃，经过18天的催根，当插穗根原基突起明显、有侧根显露时即可扦插。

4.温棚穴盘扦插

4月上旬，在塑料温棚内，塑料穴盘（长为11厘米、宽为2厘米、深为6厘米）中装满中等肥力沙壤质土壤，洒透水后，每孔扦插1个插穗，扦插深度6厘米。

5.水分管理

穴盘表层土壤变干时即需要洒水，洒水宜在早晨进行。

图1 插穗采集

图2 萘乙酸浸基处理

图3 温床催根

图5 温棚扦插

6.温度管理

夜间棚温≥0℃,白天棚温≤30℃,晴天温度过高时应加大通风量或采取适当的遮阴措施。

7.炼苗

经过30~35天培养,苗高25厘米左右时,经过4天常温炼苗后田间定植。

图4 愈伤组织和新根

图6 成苗率80%~90%

枸杞标准化定植施肥管理技术

1.品种选择

宁杞7号。该品种可单品种建园，树势旺盛，老枝花形成量极少，休眠期修剪需枝枝动剪，不甩放。

2.种植区域

年降雨量200毫米以下，年日照时数2800

图3　宁杞7干果(左),宁杞1号(右)

小时以上，海拔1600米以上。

3.园址选择

在交通、灌溉便利，通风良好，远离厂矿及工业厂区处建园。要求地势平坦，地下水位1米以下，较肥沃的沙壤、轻壤或中壤地块，土壤含盐量0.5%以下，pH值8以下，活土层30厘米以上。

4.整地

入冬前，亩施入腐熟农家肥3~5立方米、磷酸二铵25千克、尿素10千克，深翻30厘米，旋耕耙平、灌冬水，以备翌年春季栽植苗木。

图1　宁杞7号2龄树

5.定植

春季地块解冻后至枝条萌芽前，选用纯度高、无病虫害、植株健壮的硬枝扦插苗或优等嫩枝苗，按行距2米、株距0.75米栽植，444株/亩。定植后第5年间伐50%植株，保苗222株

图2　宁杞7号果枝

农业科技明白纸

图4 定植

图5 全层配方施肥

/亩。定植前使用20ppm萘乙酸水溶液浸泡4~6小时，或200ppm萘乙酸水溶液速蘸，无条件的家户可将种苗在清水中浸泡24小时而后定植可显著提高成活率。按行株距挖直径30厘米、深30厘米的定植穴。将苗木根系放入定植穴中，填土10厘米深时向上提动苗木，舒展根系，再填土至略高于地面。整个过程，边填土，边用脚踩踏。

 6.施肥

按照以产量定施肥量的原则，确定枸杞施肥量。除定植第1年不需要补施肥料外，以后每年都要补施一定数量的基肥和追肥。各年用肥量见表1所示，粪肥分两次施入。整形修剪后至萌芽前，结合旋耕整地沿树冠线施基肥，占各自肥料总量的75%，旋耕深度控制在15厘米以内，避免机械伤根引发腐病发生。6月下旬头茬枸杞果实开始变红时，沿树冠线用种耧沟施追肥，占各自肥料总量的25%。在粪肥充足的情况下，化肥用量应酌情减少，进入盛果期以后，应适当减少氮肥用量，增加钾肥用量。

表1 枸杞田施肥量及施肥方式 （千克/亩）

定植后施肥年限	复合肥(16-8-16)		磷酸二铵(18-46-0)		尿素(46-0-0)	
	基肥	追肥	基肥	追肥	基肥	追肥
第2年	20.04	6.68	17.42	5.81	14.1	4.7
第3年	40.08	13.36	34.83	11.61	28.2	9.4
第4年	62.35	20.78	54.18	18.06	43.87	14.62
第5年	57.9	19.3	50.31	16.77	40.74	13.58
第6年及以后	77.94	25.98	67.73	22.58	54.84	18.28

农业科技明白纸

枸杞根腐病综合防控技术

根腐病是为害枸杞的重要病害之一,发生呈逐年加重趋势,造成枸杞植株连片死亡。

1.发病规律

根腐病病原菌从伤口或穿过皮层组织直接入侵到植物组织内部,引起发病。病原菌随存活病株越冬,也可随表土和土中的病株残体及病果种子越冬和传播,近主干施肥、穴施粪肥和旋耕机除草是诱发根腐病的主要因素。

2.防治措施

1)适度深植主根系栽植深度控制在20厘

图2　枸杞根腐病根部症状

米以下,低于常规中耕深度。

2)避免近主干基部施肥和挖坑穴施粪肥,减轻粪肥伤根和机械伤根,提倡沿树冠线全层施肥。

图1　枸杞根腐病地上症状

图3　近主干施肥伤根

图4 萌芽后旋耕伤根

图5 药剂蘸根

3)萌芽后,不使用旋耕机中耕除草。

4)根腐病发生初期灌施20%的移栽灵乳油1000倍液,5千克药液/株。

5)病田补种枸杞时,定植穴应避开发病穴,用20%的移栽灵乳油500倍液和70%甲基硫菌灵可湿性剂250倍液的混合泥浆蘸根。

图6 沿树冠线施肥

农业科技明白纸

枸杞黑果病综合防治技术

枸杞炭疽病是为害枸杞的主要病害之一,易感染青果,造成大幅度减产。

 1.发病规律

病疽病原菌残留在树枝和地面的病果内越冬,借风和雨传播,经伤口侵入。风力摩擦、操作损伤、虫伤是造成伤口的主要原因,也是炭疽病侵入的主要渠道。炭疽病流行与湿度、温度关系密切,湿度与降雨量对发生蔓延起主导作用,温度起促进作用。接近饱和湿度条件时,炭疽病病原菌4小时内可完成侵染,潜育期7~10天。

图2 感病成熟果实

 2.防治措施

(1)农业措施

冬春精细整形修剪,改善枸杞通风透光性能;清除枝梢残留病果和田间残枝落叶。

(2)物理措施

旋耕施基肥后,用0.01毫米厚黑色地膜进行地表全覆盖,发挥隔离病源、控制红瘿蚊羽化出土、抑制杂草滋生和保墒的多重作用。

(3)化学措施

萌芽前,喷施50%多菌灵可湿性粉剂500倍液和40%毒死蜱乳油600倍液淋洗树体,消

图1 感病青果

农业科技明白纸

图3　清除残枝落叶

灭树皮缝隙内越冬病源虫源；从6月中下旬起，高度重视天气变化，做好雨前、雨后化学预防，可喷施40%氟硅唑乳油1500倍~2000倍液，或32%咪鲜胺乳油1500倍液。

图4　黑膜地表全覆盖

图5　适时喷药

枸杞红瘿蚊综合防治技术

1.农业防治

(1)彻底清园

早春结合枸杞树休眠期修剪工作,将修剪后的枝条及振落的残留病虫果,以及园中、田边的杂草、落叶、枸杞根蘖苗全部清除干净,带出园外,集中烧毁。

2.物理防治

(1)地膜覆盖

早春枸杞园完成修剪、清园、整地后,在枸杞萌芽前开始覆膜,最迟不能迟于现蕾期,5月中旬后丌始撤膜。覆膜宽度以枸杞树冠下的地面全部被膜覆盖为准。覆膜材料用普通地膜或除草膜,宽度因栽植方式不同而异。

(2)地面覆草+粘虫胶处理

在红瘿蚊出土前,将麦芒或截成10～20厘米的麦草铺在枸杞树下,把粘虫胶喷到树体和草上。

3.化学防治

(1)地面封闭

枸杞红瘿蚊为害状

枸杞红瘿蚊成虫

4月中旬成虫出土前，每亩用50%辛硫磷或48%毒死蜱乳油1000毫升，拌细沙土30千克，配成毒沙，撒施在树冠下，用钉齿耙纵横交叉耙两遍，使药剂均匀混入3~5厘米土层内，杀灭蛹和成虫；或结合地面灌水进行，每亩撒施50%辛硫磷乳油或48%毒死蜱乳油1000毫升或5%毒·辛颗粒剂2~3千克。

（2）树冠防控

在虫果膨大至"胡麻果"大小之前，喷施10%吡虫啉可湿性粉剂2000倍液，或3%啶虫脒乳油2000倍液。

地膜覆盖

地膜覆盖

枸杞瘿螨综合防治技术

1.农业防治

（1）彻底清园

结合枸杞树早春休眠期修剪，将修剪后的枝条及振落的残留病虫果，以及园中、田边的杂草、落叶、枸杞根蘖苗全部清除干净，带出园外，集中烧毁。

（2）土壤耕作

结合生长期土壤浅耕、中耕除草等措施，降低虫口密度，夏季结合整形修剪以及铲园去除徒长枝和根蘖苗，可防止瘿螨滋生和扩散。

（3）水肥管理

通过全面平衡营养施肥，重视施用有机肥、生物复合肥，采用配方施肥技术，合理控施氮肥，增施磷钾肥，补充微量元素，改进灌水方法、灌水次数、灌水量，控制枸杞徒长、枝条旺长，提高树体的抗螨能力，减轻瘿螨因喜氮而食料充足，阻止加速繁殖危害。

2.化学防治

（1）全面封园

4月上旬，对枸杞园树体、地面、田边、地埂采用48%毒死蜱乳油66.6毫升/亩（800倍）+45%石硫合剂200克/亩(250倍)，或48%

瘿螨为害状

叶片上形成虫瘿包

毒死蜱乳油 66.6 毫升／亩（800 倍），或 45%石硫合剂 200 克／亩（250 倍）进行全面封园。

(2)树冠防控

在 5 月上旬、6 月上旬和 8 月中旬枸杞瘿螨虫瘿破裂转移为害期，瘿螨从老枝向新枝扩散，虫体暴露于瘿外，进行树冠农药防治，可喷施 1.8%阿维菌素乳油 2000 倍液，20%四螨嗪悬浮剂 1500 倍～2000 倍液、20%哒螨酮可湿性粉剂 22.2 毫升／亩（1000 倍），最多使用 1 次，安全间隔期 7 天，也可喷施生物农药 0.2%藜芦碱可溶性液剂 0.28 毫升／亩（800 倍）、0.6%苦参碱可溶性液剂 0.6 毫升／亩（1000 倍）、0.5%印楝素乳油 0.28 毫升／亩（2000 倍）、1.2%烟碱·苦参碱乳油 1.33 毫升／亩（1000 倍液）、5%云菊天然除虫菊素乳油 2.78 毫升／亩（2000 倍）。

枸杞蚜虫综合防治技术

1.农业防治

(1)清洁田园

春结合枸杞树休眠期修剪工作,将修剪后的枝条及振落的残留病虫果,以及园中、田边的杂草、落叶、枸杞根蘖苗全部清除干净,带出园外,集中烧毁。

(2)清理残枝虫果

在4月中旬至5月底及时进行夏季修剪,清除徒长枝及园内萌蘖苗。同时,对部分枝条摘心,抑制蚜虫在嫩梢上进行大量繁殖;夏果结束后剪除冠下、树膛内的病虫残枝,摘除病果,清理枸杞园田边、渠、路旁杂草及萌蘖苗,破坏枸杞害虫繁殖寄生场所。

(3)改良土壤结构

结合中耕除草,采取夏季翻晒园地、挖坑施肥、灌水封闭等农业措施,杀灭土壤中的虫卵,降低虫口密度。

(4)加强肥水管理

增施腐熟农家肥,如鸡粪、羊粪,适当施氮肥,增施磷、钾肥,合理浇水,控制徒长枝,降低枸杞园的湿度,增强树体的抗病虫能力。

2.物理防治

(1)悬挂黄板

6～8月根据田间虫口数量,每亩悬挂规格为25厘米×30厘米的黄板35～45张,或者20厘米×30厘米的黄板40～50张。悬挂高度应以诱虫板下沿与植株生长点齐平,并随着植株的生长相应调整悬挂高度,当诱虫板因受风吹日

为害嫩叶

为害果实

为害植株

晒或雨水冲刷而失去粘力时及时更换,当害虫布满诱虫板无法再粘害虫时可更换或用钢锯条将虫体刮除重复使用。

3.化学防治

(1)地面封闭

10月中旬落叶以后或在4月中旬至5月上旬开花前集中时间采用低毒化学农药进行封地,可用40%毒死蜱乳剂或40%辛硫磷乳剂的1000倍液进行地面封闭及树冠喷雾,清理若虫及卵,减低翌年的虫口密度。

(2)树冠防控

在蚜虫发生期,可选用高效低毒的化学农药10%吡虫啉可湿粉剂2000倍液、3%啶虫脒乳油2000倍液、50%抗蚜威可湿性粉剂18.5毫升/亩(3000倍)、25%吡蚜酮可湿性粉剂13.88毫升/亩(2000倍),每种药剂最多使用1次,安全间隔期7天,或使用生物农药进行防治,0.2%藜芦碱可溶性液剂0.28毫升/亩(800倍),0.5%印楝素乳油0.28毫升/亩(2000倍),1%鱼藤酮乳油1.85毫升/亩(600倍),1.2%烟碱·苦参碱乳油1.33毫升/亩(1000倍),5%云菊天然除虫菊素乳油2.78毫升/亩(2000倍),每种药剂最多使用2次。

田间悬挂黄板

枸杞修剪技术简明图解

根据宁杞7号结果、成枝特性,图解其幼龄树整形修剪技术要领,请广大枸杞种植户参考使用。

(1)定干高度60厘米

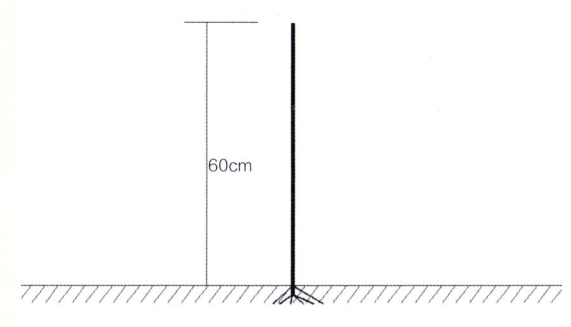

(2)定干后主干上萌生大量新梢

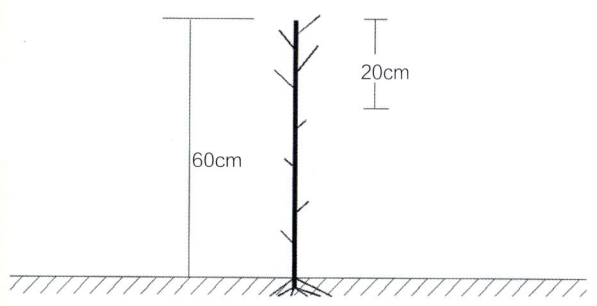

(3)自顶端往下20厘米以外的芽全部抹除,标黑点的一律抹除

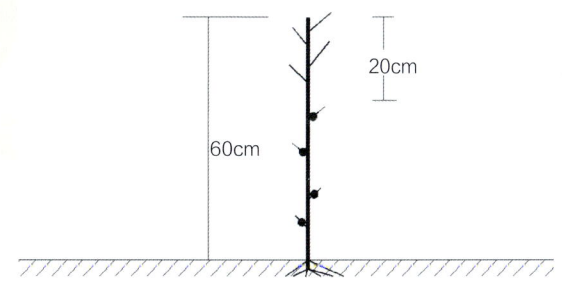

(4)按分枝方向和部位,保留上部20厘米内的新梢4~5个

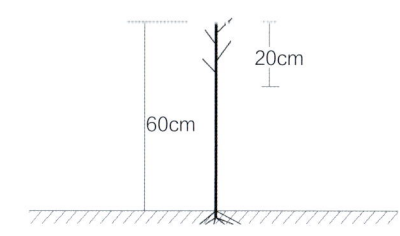

(5)保留新梢长度20厘米左右时摘心,标注黑点是摘心部位

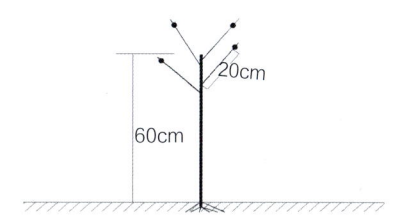

(6)摘心后

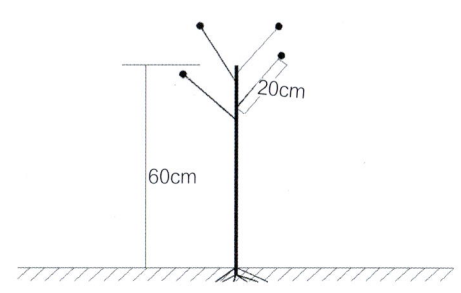

(7)摘心后侧枝萌发

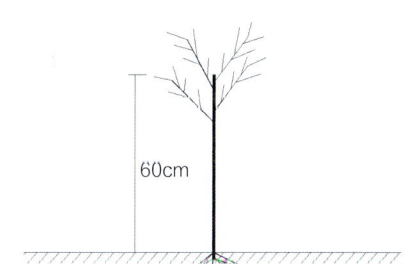

(8)抹除距主干10厘米以内的枝芽,黑点是抹除部位

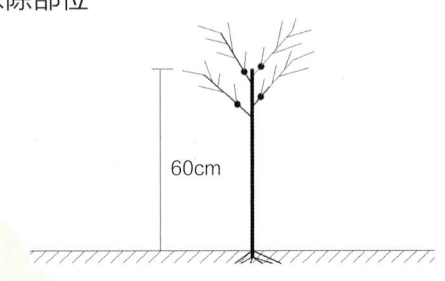

(9)抹芽后

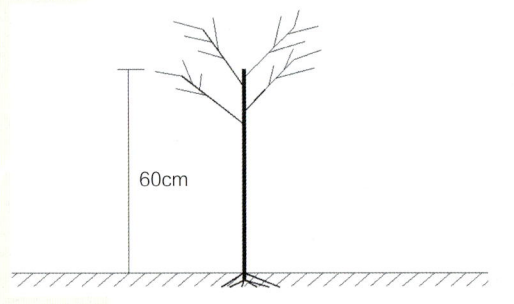

(10)枝条生长结果,9月初采果结束,萌生秋梢长势弱不用作培养树形

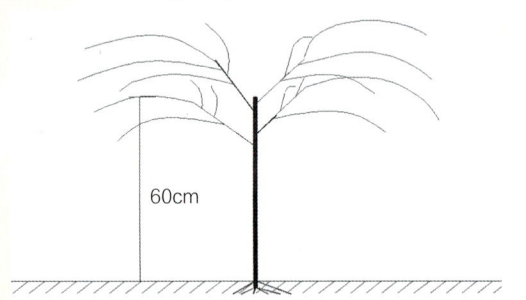

(11)第2年春,疏除徒长枝、病残枝和膛内枝,短截结果枝,利用近主干处萌生的一个徒长枝在40厘米处摘心

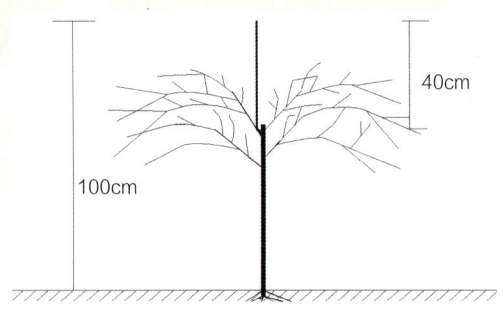

(12)摘心后的徒长枝萌生出新枝,保留上部20厘米枝芽4~5个,培养永久一层树冠

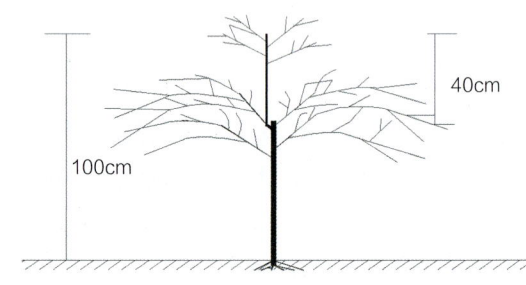

(13)第3年春,疏除徒长枝、病残枝和膛内枝,短截结果枝,剪除60厘米以下枝条,加强永久第一层树冠培养

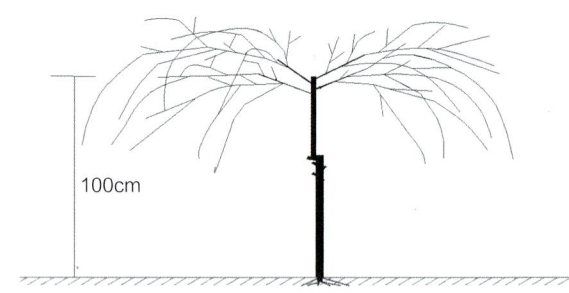

(14)第4年春,近主干处萌生的一个徒长枝在40厘米处摘心

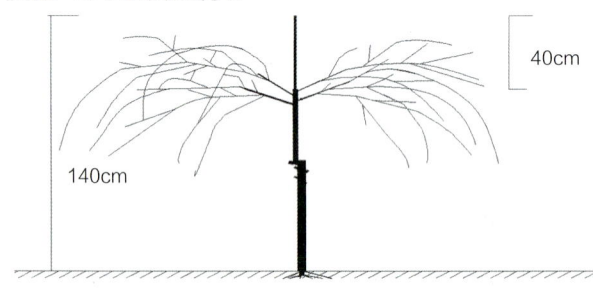

(15)摘心后,萌生枝条,培养第二层树冠

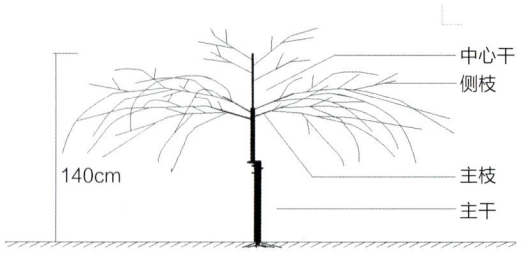

黄芩黑膜穴播育苗技术

1.选地

选择墒情好、土层深厚、疏松、排水良好、中性或微碱性沙质壤土或沙壤土地块。避免与唇形科作物连作。

2.整地施肥

耕翻整地时每亩施充分腐熟细碎的农家肥2500~3000千克左右，精细耙糖。

3.播种时间

育苗可分秋季和春季育苗，秋季在8~9月，春季在4~5月。

4.育苗方式

用120厘米宽的黑地膜，平垄，垄面100

播种覆沙

厘米，垄沟25厘米。地膜覆好后，在膜面上用点播器或烟筒拐打穴眼，穴眼深0.5~0.6厘米，穴距3~4厘米，一般一垄种6行(具体操作时按打的眼大小来定，打眼器直径小于10厘米时可种7行)。穴眼打好后，将种子均匀的撒20~25粒，覆少量土盖住种子，再覆少量细沙即可。播后15天左右出苗，亩播种量5千克。

覆膜打孔

苗床出苗后

5.田间管理

（1）除草

黄芩苗出齐后即可进行第一次除草松土，以浅除为主。以后除草按田间草情而定，不少于3次。

（2）间苗定苗

苗高3~5厘米时进行疏苗，当苗高5~8厘米时定苗。

追肥视苗情而定，土壤肥力差可追施一次。在定苗后亩追施尿素4~5千克。

（3）灌溉

一般情况下在育苗前灌足底水即可，出苗后不浇水。

6.采挖

（1）采挖时间

种苗采挖时期也就是移栽的最佳时期，在3月上旬至4月上旬。

（2）采挖方法

挖苗时苗地要潮湿松软，以确保苗体完整。采挖先从地边开始，在地边贴苗开沟，然后逐渐向里挖，要保全苗，不断根。挖出的种苗要及时覆盖或假植，以防失水。

苗床成苗期

黄芩标准化栽培管理技术

1.选地

应选择土层深厚、地势平坦、土质疏松，透水透气性良好的黄绵土、黑垆土、黑麻垆土，土壤pH在7.5～8.2。大田生产可在川水地、旱台地、坡旱地种植。

2.整地

前茬作物收获后进行整地，旱地一般翻两次，最后一次以秋季为好，一般深耕30厘米以上。结合翻地施入基肥，每亩施农家肥4000千克左右，磷酸二铵20千克左右，然后耙细整平，

春季翻地要注意土壤保墒。

3.移栽

应选择健壮，头梢完整，根条均匀的优质黄芩苗。移栽时期为3月中旬至4月中旬，在适宜栽植期内应适当早栽。行距15厘米，株距10厘米，栽植量需中等幼苗约30千克/亩。

4.定植方法

用铁锹开沟，沟深10厘米左右，然后将苗按株距斜摆在沟壁上，倾斜度为45°，接着按行距重复开沟摆苗，并用后排开沟土壤覆盖前排约

苗,苗头覆土厚度 2～3 厘米。为了保墒,要求边开沟、边摆苗、边覆土、边耙磨。也可用犁开沟移栽,行距与铁锹开沟的相同,犁开的沟较浅,药苗可头尾相接平放在沟中。

（2）追肥

一般结合降雨进行。主要追施无机肥,一般追肥二次,时间 6～8 月,每次追施尿素 5 千克/亩。

 5.田间管理

（1）中耕除草

苗出齐后即可除草松土。一般除草不少于 2 次。

 6.采种

黄芩花期长达 3 个月,种子成熟期不一致,又易脱落,故需随熟随采,最后连果枝割下,晒干打下种子,去净杂质备用。

 7.采收加工

霜降前将茎蔓割掉,10 月下旬至 11 月上旬,用长 35 厘米的铁叉轻挖,尽量保全根,严防伤皮断根。

羌活标准化育苗技术

1.概况

羌活是我省非常重要的 种中药材，在我省的许多地区都有分布，且近几年来市场行情稳定、价格较高。具有很高的种植意义。但是，宽叶羌活种子具有胚后熟特性，发芽困难，野生条件下繁殖系数极低。人工栽培必须先要处理种子后才能进行育苗。

2.育苗

（1）筛选种子

将羌活种子充分晒干，除去秸秆等杂物。

（2）准备沙子

尽量选用含土较少的河沙，用5毫米沙网筛除较大石块，沙石用量为待处理种子体积的3倍～5倍。

（3）准备层积地点

选择通风良好、无太阳直射、不积水的地方挖一个深1米的方坑。

3.种子处理

（1）时间选择

种子处理一般从农历七月中旬开始（指临潭县，其余地区具体视平均气温而定，气温较高地区稍晚一些，但必须在农历八月前开始，气温较低地区可稍早一些）。

（2）种沙混合

将选好的种子和沙子按照体积比1:3～5的比例均匀混合，为防止种子腐烂，还可拌入多菌灵预防种子发霉，加入量为每方沙子加多菌灵30～50克。另外为提高发芽率，还可添加500毫克/升赤霉素或200毫克/升赤霉素+200毫克/升细胞分裂素处理。沙子较干燥时，还应拌水，使沙子含水量为60%～70%。

（3）层积开始

在层积池底部铺10厘米厚沙子，再将混匀的种沙倒入池内，高度为据地面10厘米处为止。其上再铺10厘米厚沙子，开始层积。

（4）后期管理

在土封冻前每一个半月左右翻堆一次，翻堆

羌活苗子

羌活育苗田

时仔细检查,若沙土太干应加水,若种子发霉,可补施多菌灵,若有生虫,可拌入滴百虫。

(5)层积结束

翌年春耕时结束层积,将种沙挖出,准备播种。

4.播种

(1)播种时间

播种在翌年3月下旬进行,育苗床播种量20千克/亩(以未处理计,下同)。

(2)苗床

苗床一般做成高0.1米、宽1.2~1.4米的畦,畦面长度按地形而定,通常采用条播或撒播。

(3)播种

条播时在畦面12厘米开深5厘米、宽10厘米的沟,将种子均匀撒于沟内,再耙平沟。撒播时将种子均匀撒在畦面后覆土5厘米,再轻拍压实。有条件的地方播后可浇一次透水。播后应立即采取覆盖秸秆等遮阴措施,使得畦苗透光率在20%以下,遮阴的同时还起到了保湿和防止板结的作用,以有效保护幼苗的作用,有利于保护幼苗。

(4)管理

播后保持苗床湿润,待苗出齐后适当加大透光率,使幼苗生长不受影响。苗齐后第一次拔除杂草,苗高10厘米左右(即两叶一心及花叶期)进行第二次除草,以后保持苗床无杂草,当苗高10厘米时结合第二次除草间苗定苗,留苗13万株/亩。并结合除草在阴雨天施入尿素5千克/亩。一般越冬苗床无特殊管理,地上部分枯萎后不做处理,以留作覆盖防冻和防止春季土壤解冻泛土。禁止人畜践踏。

处理好的羌活种子